AF586412

SOCIÉTÉ DES SCIENCES,
DE L'AGRICULTURE ET DES ARTS, DE LILLE.

SÉANCE SOLENNELLE
du 18 Décembre 1887.

DISCOURS
de M. Louis HALLEZ, Président de la Société.

LILLE,
IMPRIMERIE L. DANEL.
1887.

SOCIÉTÉ DES SCIENCES
DE L'AGRICULTURE ET DES ARTS DE LILLE.

SÉANCE SOLENNELLE

du 18 Décembre 1887.

DISCOURS

de M. Louis HALLEZ, Président de la Société.

Messieurs,

Aucun de ceux qui m'ont précédé à cette place, n'a apprécié plus que moi l'honneur d'être appelé à la présidence de la Société des Sciences, car aucun n'a dû plus à la bienveillance, et moins à ses mérites réels. Mais à ce sentiment de légitime satisfaction se joint aujourd'hui une hésitation bien naturelle, au moment où je dois prendre la parole devant vous. Laissez-moi espérer que la sympathie dont m'ont honoré mes collègues s'est répandue un peu en dehors de notre Compagnie et que je puis compter sur elle à cette heure périlleuse.

L'usage s'est établi que le sujet du discours est imposé au Président par la spécialité artistique, littéraire ou scientifique à laquelle il s'est attaché. Voici donc une première difficulté écartée ; je n'ai pas l'embarras du choix, ce qui est déjà quelque chose, et je dois vous parler médecine.

Rien de plus simple au premier abord. Est-ce que tout le monde ne parle pas médecine ? Et même, si je ne craignais de formuler un paradoxe, ne pourrais-je point dire que tout le monde en parle plus volontiers que les médecins eux-mêmes ? Nous sommes, nous, très heureux de dévier parfois, et lorsqu'une question d'art ou de littérature est soulevée, il nous plait d'y glisser humblement, mais avec un réel plaisir, notre mot ou notre appréciation. C'est un repos de quelques instants qui nous fait bien.

Et voici que par un juste retour, la foule se complait dans l'inverse et chacun, dès qu'il le peut, laissant là ses occupations ou ses aptitudes, se met à disserter médecine et, comme Argan, se coiffe du bonnet doctoral. Écoutez en passant les conversations des salons ou des rues ; prenez au hasard trois groupes d'interlocuteurs : si le premier parle d'affaires privées, le second parlera probablement politique, et le troisième certainement médecine. Et n'est-ce pas en parlant médecine que l'usage veut que l'on s'aborde ? Comment vous portez-vous ? — il fait beau, il fait froid, il fait chaud..... Voilà de la médecine et de l'hygiène passées à l'état de politesse obligatoire, ou de banalités courantes ; c'est tout simplement du diagnostic au premier chef et la thérapeutique suit de près.

Il ne faut pas s'en étonner, et les médecins ne s'en fâchent pas. Chacun veut la santé pour soi et ses amis. Dès lors il n'est point surprenant que cette préoccupation constante, que cette obsession si naturelle, n'éclate à toute occasion ; en lutte contre tant de causes de destruction, il est tout simple que l'homme se garde, qu'il s'appuie dans ce but sur ses propres observations, sur l'avis du voisin, lequel, si incompétent qu'on le suppose, a lui aussi senti le besoin de se défendre et aura peut-être trouvé quelque moyen bon à recueillir.

Laissez-moi pourtant croire que cette association mutuelle de tous n'est point établie contre la médecine elle-même ou plutôt contre les médecins, qu'elle n'est pas la résultante des immortelles plaisanteries dirigées de tout temps contre notre profession. Si le ridicule tue, l'esprit vivifie, la médecine en a fait l'expérience; elle est aujourd'hui très vivante et bien portante malgré les coups reçus, et si elle n'est point toujours écoutée comme il serait sage de l'écouter, si elle n'a pas encore l'autorité absolue qui lui reviendra un jour sur tant de questions de la vie publique, elle n'en marche pas moins sûrement, scientifiquement à la conquête de cette prépondérance; on ne rit plus d'elle aujourd'hui ; quelques-uns doutent seulement encore ; avec bonne ou mauvaise foi, ils se couchent sur sa route pour entraver sa marche, mais elle marche néanmoins et progresse, et elle aussi compte de grands Français.

Il me serait aisé, Messieurs, de vous le démontrer. Il y a quelques années, un maître regretté, M. le professeur Parise, à cette même place où je parle aujourd'hui, vous énumérait les progrès de la chirurgie française, s'efforçant seulement de passer sous silence la part qui lui revenait dans cette marche en avant. Depuis, ces progrès sont devenus une véritable révolution. Il n'est point aujourd'hui de hardiesses dont la chirurgie ne se pare, point de choses invraisemblables qu'elle ne rende vraies, et cela avec la sécurité qu'a pu créer non un perfectionnement de l'instrumentation, non une plus grande habileté de main, mais bien une donnée de science générale inattaquable, l'antisepsie.

Ces merveilles ont frappé le public, qui veut bien accorder que la chirurgie a progressé, mais qui s'empresse d'ajouter que la médecine est singulièrement restée en arrière. Il m'eût été facile de réclamer pour la médecine le rôle qui lui revient dans cette révolution, et de vous prouver que le chirurgien est devenu lui aussi un demi-dieu (ἰσόθεος, comme disait Hippocrate), mais cela seulement depuis qu'il est devenu médecin; depuis qu'il a pris à la physiologie et à la médecine expérimentale l'idée de la préservation contre le milieu ambiant, depuis que la science pure a démontré les microbes et que le praticien leur a fermé la porte des plaies accidentelles ou des surfaces d'opération. Voilà toute la question tranchée. Mais en agissant ainsi je craindrais de réveiller ces mirifiques querelles des médecins, des chirurgiens, des apothicaires et des barbiers qui ont passionné ou amusé les deux siècles précédents; je craindrais aussi de vous entraîner dans des discussions où il vous serait fatigant de me suivre.

Et j'ai pensé que, médecin parlant dans un théâtre, j'avais peut-être autre chose à faire; qu'à cette place s'étaient maintes fois jouées, au milieu des éclats de rire du parterre, — et nous en étions du parterre, — ces scènes désopilantes où la médecine était si joyeusement et peut-être si légitimement bafouée. Et j'ai cru qu'il vous plairait de revivre avec moi dans ce passé de notre art. Qu'était donc la médecine au temps de Molière pour mériter ces avalanches de plaisanteries? N'eut-elle servi qu'à faire éclater tous ces pétillements et tous ces artifices, qu'à éveiller la verve du plus grand poète comique de notre langue, elle eut rendu à l'esprit français un service dont il faudrait lui être reconnaissant.

Je vous prouverai qu'elle a fait autre chose aussi, et que sous la perruque et le bonnet des docteurs d'antan il y avait parfois de bons cerveaux travaillant à leur façon pour l'avenir, acceptant, sans se douter qu'il y eut mal à cela, le fatras et l'apparat de l'époque, trop respectueux sans doute des traditions et du passé, mais déjà ouverts aux idées de liberté scientifique, et spectateurs sinon enthousiastes, du moins patients, d'immortelles découvertes, dont l'une est tout simplement la circulation du sang.

Je transporterai autant que possible cette petite étude sans prétention sur le terrain lillois, et vous dirai, comme je le pourrai, ce qu'ont été les praticiens, nos prédécesseurs, au XVIIe et au XVIIIe siècle. Cela nous permettra d'assister aux progrès de l'enseignement médical dans notre région ; heureux si je puis vous intéresser et montrer que, même il y a trois siècles, Lille était à la hauteur des situations, et que depuis lors elle a travaillé modestement, mais sûrement et sans trêve, au développement de ses institutions scientifiques pour les mener où elles sont aujourd'hui.

L'unité qui réunit de nos jours les diverses branches de l'art de guérir, est d'institution relativement moderne, et la fusion n'a pu être établie que par l'époque révolutionnaire. Jusque-là, chirurgiens, barbiers et apothicaires, luttaient entre eux non seulement pour la prépondérance, mais même pour l'existence. Les médecins seuls faisaient exception et, forte du passé et de la tradition, constamment appuyée sur les arrêts du Parlement, la Faculté dictait ses lois et regardait avec dédain s'agiter en dessous d'elle, bien loin et bien en bas, les pauvres teneurs de boutique auxquels elle laissait, par condescendance, le manuel des opérations et des préparations médicinales. L'origine de cette prépondérance et de cette morgue ne peut s'expliquer que par l'histoire de l'Université elle-même.

Primitivement homogène, sans distinction autre que l'origine géographique des étudiants divisés en quatre nations (France, Picardie, Normandie et Angleterre, cette dernière devenue plus tard la nation d'Allemagne), l'Université de Paris enseignait à chacun l'ensemble des sciences et des arts. C'est vers le XIIe siècle seulement que le partage en *facultés* fut établi. Ainsi naquirent la faculté des arts et la faculté de théologie, plus tard celles de droit et de médecine. Cette dernière ne prit même son nom actuel que vers le XVIe siècle et fut longtemps « facultas physicorum » *faculté des physiciens,* nom que portent encore aujourd'hui les médecins anglais.

La médecine, comme toutes les sciences au moyen-âge, naquit et se développa dans les cloîtres ; la plupart des médecins étaient ecclésiastiques, clercs tout au moins. Il en était ainsi dans notre ville au XVe siècle. Nous voyons, en effet, en 1440, nommé 30e prévôt du chapître de St-Pierre, Eustache Cailleux, chanoine de Thérouane, et premier médecin de la duchesse de Bourgogne. Le 27e prévôt avait été Jean Lavantage, docteur en médecine de l'université de Montpellier; quoique prévôt de St-Pierre il exerça toujours la charge de premier médecin de Philippe le Bon, duc de Bourgogne, qu'il accompagnait dans tous ses voyages.

Les médecins qui n'étaient ni prêtres ni clercs n'en étaient pas moins astreints au célibat. C'est vers le milieu du XVe siècle que les prêtres ne purent être admis dans le sein de la Faculté sans une dispense spéciale, et que le célibat des médecins fut déclaré chose impie et déraisonnable par le cardinal d'Estouteville que le pape Nicolas V avait chargé de réorganiser l'Université de Paris : il y a lieu de supposer que cette décision ne nuisit pas au recrutement du corps médical. Mais cette origine religieuse n'en resta pas moins dans les souvenirs et dans les coutumes de la

Faculté, et c'est ce caractère sacerdotal qu'il est bon de se rappeler si l'on veut comprendre l'esprit qui présida jusqu'à la fin du XVIIIe siècle à la direction générale de l'institution.

Cet esprit peut se résumer ainsi : d'abord l'invariabilité de la doctrine , Hippocrate et Galien considérés comme des prophètes, leurs livres comme une œuvre de révélation , que l'on peut à l'infini commenter , — et Dieu sait si la Faculté s'en fit faute, — mais à laquelle on ne peut toucher;

Puis une règle et une discipline poussées jusqu'à l'extrême rigueur « Veteris disciplinæ retinentissima » s'intitulait-elle avec fierté ;

La défense énergique de ses droits et privilèges, même contre la royauté, à plus forte raison contre le Parlement qui, du reste, animé des mêmes sentiments , respecta constamment l'institution voisine qui lui donnait un exemple et une force, et encourageait ses propres résistances ;

La lutte acharnée non seulement contre ceux qui tentaient de se livrer à l'exercice illégal de la profession, charlatans et marchands d'orviétan, mais encore et surtout contre les chirurgiens, barbiers et apothicaires, auxquels était impitoyablement fermée l'entrée du temple, ces arts secondaires étant considérés comme arts manuels, comme de vils métiers, et par conséquent indignes des beaux esprits qui dissertaient si bien et à l'infini sur les éléments et les tempéraments, sur les parties et les humeurs, sur le calorique inné et l'humide radical, sur l'âme enfin et ses facultés.

Ajoutons à cela un esprit de corps absolu, avec ses conséquences forcées , l'exclusion de tout intrus et de tout novateur , la chicane , l'entêtement , la routine.

« Elle ne repoussait pas le progrès , dit Maurice Raynaud (1), mais elle voulait que le progrès vint d'elle et non d'ailleurs. Or, comme personne n'a le monopole du génie et des découvertes, elle se trouva l'ennemie née de bien des choses grandes et utiles. Elle sacrifia la chirurgie à de mesquines colères ; elle proscrivit la circulation du sang parce que celle-ci venait d'Angleterre ; l'antimoine parce qu'il venait de Montpellier ; le quinquina parce qu'il venait d'Amérique. Trois actes de réaction insensée et stérile qui la rendirent à bon droit l'objet de la risée publique. »

Joignons à ces caractères le respect absolu de la forme, l'orthodoxie des formules et des prescriptions, « qu'il faut toujours garder quoiqu'il puisse arriver, « dit M. Desfonandrès de l'Amour médecin. Et l'on comprend cette réplique que Molière met dans la bouche de son médecin Tomès : « Un homme mort n'est qu'un homme mort et ne fait point conséquence ; mais une formalité négligée porte un notable préjudice à tout le corps des médecins. » On voit que la médecine ne le cédait en rien à la justice de Bridoison.

Enfin, Messieurs, un dernier trait. Etre catholique romain fut pendant des siècles la première condition d'admissibilité aux examens. Sur ce point, comme sur tous les autres, la Faculté ne pliait pas, résistant aux princes du sang et au roi lui-même. Ce n'est qu'en 1648 que les protestants eurent accès dans son sein. Cette résistance s'explique assez bien si l'on considère que les cérémonies religieuses figuraient parmi les actes obligatoires de la Faculté. Citons l'assistance à la messe de saint Luc, patron de la corporation, qui jusqu'au XVIIe siècle, était chantée par les docteurs eux-mêmes ; un service pour les confrères trépassés, etc. Rappelons surtout la part qui revenait à

(1) Thèse de docteur ès-lettres, 1863.

l'Eglise dans les cérémonies de l'investiture de la licence.

J'ai prononcé le mot de *cérémonies*, et aussitôt votre esprit s'est reporté à cette étonnantecérémoni e du Malade Imaginaire, et cette inimitable bouffonnerie vous est apparue dans sa pompe burlesque. Vous avez revu le *præses*, *in cathedrâ*, dominant l'assemblée, ayant au-dessous de lui le récipiendaire anxieux, attentif aux questions et prêt à la réponse: puis remplissant l'amphithéâtre, les docteurs, le bonnet carré sur la tête et revêtus de pourpre et d'hermine; aussi le chœur des apothicaires, frappant leurs mortiers en cadence et agitant l'instrument professionnel. Et vous vous êtes demandé ce qu'il pouvait y avoir de vrai dans cette caricature, s'il y avait là pure invention ou simplement transformation à l'usage de la comédie. Quelques mots sur l'organisation intérieure de la Faculté, et nous répondrons à cette question ou plutôt vous y répondrez vous-mêmes.

La Faculté avait, en effet, son *præses, le Doyen*, haut personnage s'il en fut, entouré du respect de tous, même des plus illustres et des plus anciens. Il était le *Vindex disciplinæ et custos legum*, l'administrateur et le directeur moral; il prenait part à l'élection du recteur de l'Université, comme ses collègues des arts, du droit et de la théologie, et tous cinq constituaient ce groupe majestueux « du Recteur suivi des quatre Facultés. » Devant lui s'inclinait même l'*Ancien* de la compagnie.

Cette fonction était élective et le mandat était de deux ans. Cette élection se faisait à deux degrés. Tous les docteurs contribuaient à la désignation de cinq électeurs, trois parmi les anciens, deux parmi les jeunes; ceux-ci choisissaient trois collègues qui leur paraissaient dignes du décanat, deux anciens et un jeune, et c'est sur ces trois noms que l'élu était tiré au sort

Mêmes procédés pour la désignation des professeurs, dont le mandat expirait également au bout de deux ans. Mais ici à l'inverse de ce qui se faisait pour le décanat, l'urne contenait les noms de deux jeunes et seulement un nom d'ancien. Sage prévoyance, assurément, le professorat surchargé de cette époque nécessitant une activité physique et cérébrale peu commune. Qu'on en juge : il n'y eut pendant longtemps que deux professeurs ; l'un pour les *choses naturelles*, anatomie et physiologie, et les *choses non naturelles*, hygiène et diététique ; l'autre pour les choses *contre nature*, c'est-à-dire la pathologie à laquelle s'annexait la thérapeutique. — En 1634 il y fut adjoint une chaire de chirurgie, en latin, pour qu'il fut bien entendu que les apprentis chirurgiens ou barbiers n'en pourraient profiter ; en 1646 une chaire de botanique. Voilà tout. Pas d'enseignement clinique ; qui voulait étudier le malade se mettait à la suite de quelque praticien en vogue et avec lui pénétrait chez le client, plus encore qu'à l'hôpital.

On croit rêver quand on compare cette simplicité de l'enseignement médical d'il y a 200 ans, à ce qu'il est aujourd'hui. En ce temps-là, quatre professeurs et un budget annuel de 800 livres tournois pour la rétribution du personnel et pour tous frais de cours ; aujourd'hui, une division presque exagérée de l'enseignement, et des budgets lourds pour qui les porte, et bien minimes néanmoins si on les rapproche des allocations formidables de l'instruction publique chez nos voisins de l'Est.

Peu rétribués, les professeurs trouvaient une compensation qui leur paraissait suffisante dans la magnificence de leur charge. « Nous jurons et promettons solennellement, disaient-ils lors de leur élection, de faire nos leçons en robe longue à grandes manches, ayant sur la tête le bonnet carré et la chausse d'écarlate à l'épaule.... » C'était beaucoup sans doute, mais croyez-vous qu'il se trouve aujourd'hui un grand nombre de professeurs désireux de se contenter d'une pareille satisfaction? Il est vrai qu'ils ajoutaient : « Nous jurons de faire nos leçons sans interruption, de les faire *nous-mêmes* et non par des suppléants,.. » Que ce temps de naïveté sereine est loin : plus de leçons en robe aujourd'hui, mais aussi que de suppléances! Ne nous hâtons donc pas trop de rire et de condamner; s'ils sacrifiaient à la forme et à l'apparat — ne fallait-il pas qu'ils fussent de leur temps? — ils savaient aussi faire large part au devoir.

Les grades en médecine se divisaient en baccalauréat, licence et doctorat.

Le baccalauréat nécessitait deux ans de cours et vingt-cinq ans d'âge. Il fallait, de plus, que les candidats produisissent un diplôme de maître ès-arts ou en philosophie, ce qui faisait un total de quatre ans de cours dans l'Université. L'examen durait huit jours et portait sur toutes les parties de l'enseignement médical. Munis de ce premier grade, les futurs médecins étaient loin d'en avoir fini. L'hiver suivant, ils soutenaient leurs thèses *quod libitaires*, c'est-à-dire facultatives, ou *cardinales*. La soutenance de cette thèse était une véritable bataille où docteurs et bacheliers cherchaient à écraser le candidat sous les coups de leur dialectique; l'argumentation commençait à cinq heures du matin et ne se terminait qu'à midi. Que de temps et de paroles perdues, que de fatigues ou de souplesses cérébrales nécessitaient de pareilles séances quand on songe aux incroyables questions choisies par la plupart des candidats. En voici quelques échantillons relevés par M. Raynaud : Les héros naissent-ils des héros? sont-ils bilieux? — Est-il bon de s'enivrer une fois par mois? — La femme est-elle un ouvrage imparfait de la nature? — Les bâtards ont-ils plus d'esprit que les enfants légitimes? — Faut-il tenir compte des phases de la lune pour la coupe des cheveux ? — etc., etc. Toutes n'étaient point telles assurément. Mais vous figurez-vous cette docte assemblée d'hommes en robe écarlate et à bonnets carrés, dissertant à l'infini sur de pareils sujets ? Et Molière était là, qui regardait, écoutait, et emportait de ces dissertations les documents humains, pour parler la langue littéraire de nos jours, dont il devait faire ce que vous savez !

Deux ans après, la licence. Ce grade donnait le droit d'exercer la médecine. Les examens s'ouvraient par un acte notarié dans lequel le bachelier s'engageait, s'il avait jusque-là exercé la *chirurgie ou tout autre art manuel*, à renoncer à l'exercice de cet art. Pauvre chirurgie, toujours proscrite et déshonorante ! Après une série interminable d'*examens particuliers* subis dans le cabinet de chaque docteur, le candidat était admis à la cérémonie des *Licéntiandes*. Cette cérémonie était précédée de visites aux hauts fonctionnaires de l'État, ministres, ambassadeurs, membres du Parlement, etc., pour les prie rd'assister à la fête universitaire.

Cette fête avait un caractère tout religieux et se passait dans la grande salle de l'Archevèché. Là, le chancelier de l'Université, chanoine de la métropole de Paris, représentant officiel du pape seul maître de l'Université et dispensateur des grades malgré l'esprit gallican qui animait cette Compagnie, bénissait les candidats agenouillés dévotement, en ces termes : « Auctoritate sanctæ sedis apostolicæ, quà fungor in hac parte, do tibi licentiam legendi, interpretandi et faciendi medicinam hic et ubique terrarum, in nomine Patris et Filii et Spiritus Sancti. »

Ne vous a-t-il pas semblé, Messieurs, que vous aviez déjà entendu cette formule, et le latin de Molière est-il bien inférieur à ce latin officiel ? Laissez-moi vous rappeler la version primitive de l'investiture pour rire retrouvée par M. Magnin, et telle qu'a dû la composer notre immortel auteur comique au sortir d'une cérémonie de ce genre :

Cum isto boneto
Venerabili et docto,
Dono tibi atque concedo
Puissanciam, virtutem atque licentiam
Medicinam cum methodo faciendi;

Id est :

Clysterizandi,
Seignandi,
Purgandi,
Sangsusandi,
Ventousandi,
Scarificandi,
Perçandi,
Taillandi,
Coupandi,
Trepanandi,
Brulandi,
Uno verbo, selon les formes, atque impune occidendi
Parisiis et per totam terram.

Il y a là erreur matérielle assurément; jamais la Faculté n'a octroyé à personne ces droits déshonorants et ces pratiques essentiellement manuelles. Le *clysterizandi* restait à l'apothicaire, et le *taillandi* au chirurgien, sans parler du *ventousandi* qui revenait au barbier. Le *purgandi* seul, et peut être hélas! l'*occidendi*, étaient bien du ressort de la médecine. A plus forte raison ne permettait-elle pas aux apothicaires de venir relever ses augustes cérémonies de l'éclat de leurs tabliers blancs et de leur classique mécanique, comme cela figure au theâtre. Mais il s'agit de caricature, et il nous suffira de retrouver dans cette farce le ton général de l'octroi de la Licence, pour reconnaître que Molière n'a pas inventé et n'a fait en somme que parodier et transformer.

Voici maintenant le Doctorat. Molière est là encore, en quelque coin de l'assemblée.

Plus d'examen nouveau, plus d'investiture religieuse. C'est un acte libre de la Faculté, résultat naturel d'une pratique et d'une vie honorables. « La Licence introduisait un médecin dans le public où il devait exercer son art ; le doctorat l'introduisait dans le sanctuaire de la Faculté. » — M. Raynaud. L'acte commençait par une visite aux docteurs régents, en grand apparat naturellement, origine probable des visites académiques.

Au jour fixé, le récipiendaire montait en chaire avec le *præses ;* le grand appariteur lui lisait les trois articles du serment professionnel :

« 1° Vous observerez les droits, statuts, lois et coutumes respectables de la Faculté ? »

Molière traduit :

Juras gardare statuta
Per facultatem præscripta
Cum sensu et jugeamento ?

2° Vous assisterez le lendemain de saint Luc à la messe pour les confrères décédés ?

Molière se tait.

3° Vous lutterez de toutes vos forces contre tous ceux qui pratiquent illicitement la médecine et vous n'en épargnerez aucun à quelque ordre ou à quelque condition qu'il appartienne ?

Molière traduit :

De non jamais se servire
De remediis aucunis,
Quam de ceux seulement doctœ facultatis,
Maladus dut-il crevare
Et mori de suo malo.

— *Vis ista jurare?* criait l'appariteur ?

Et le candidat, à la Faculté comme au théâtre, la main levée disait : « *Juro.* »

Comme au théâtre le *præses* posait alors sur la tête du récipiendaire le fameux bonnet vénérable et docte, lui touchait la joue d'un léger coup de la main et lui donnait l'accolade.

Vous voyez qu'en somme il y avait peu à faire pour mettre le grotesque là où était le majestueux, l'emphase et la gloriole là où il n'y avait que bonhomie et naïveté traditionnelles.

Et la cérémonie se terminait par un discours de remerciement du nouveau docteur. « Il a beau comparer l'assistance au soleil et aux étoiles, aux ondes de l'océan et aux roses du printemps, jamais il ne surpassera en emphase les compliments gigantesques qui étaient alors la monnaie courante des réceptions académiques. » M. R. Un certain Marcellus dans un panégyrique de ce genre, prenant pour texte l'aphorisme, « *le médecin est semblable à Dieu,* » s'écriait : « Dieu nous envoie la maladie, et vous le remède ; il frappe et vous guérissez. Nous devrions donc plus au médecin qu'à Dieu même, si ce n'était encore à Dieu que nous devons le médecin ! »

Ce serait faire mal juger des hommes et des choses si nous arrêtions là cet exposé. Malgré cet esprit de résistance, cette orthodoxie enseignée comme un dogme par la Faculté, l'époque de Molière vit de grands médecins et de grandes découvertes. L'orthodoxie elle-même est presque excusée quand on la voit défendue par la plume brillante de Guy Patin. Doyen illustre et médecin de grande réputation. homme d'une immense érudition, orateur à la verve gauloise, mêlé aux évènements grands et petits de son époque, ennemi acharné de Mazarin et des novateurs, et en même temps sceptique et indépendant, Guy Patin a pris par ses *Lettres*, dans la littérature de l'époque, une place marquée, « intermédiaire par la date et par la forme entre le latin d'Erasme et le beau français de la marquise de Sévigné. » Le *præses* pouvait donc être un homme d'esprit, et sans en avoir conscience, et tout en le niant, contribuer au progrès intellectuel de son temps.

Pourquoi du reste toutes ces colères et toutes ces résistances, si nos docteurs avaient cru à l'immobilité, s'ils n'avaient pas senti que le mouvement scientifique les entraînait malgré eux ? Pourquoi ces passions, qui prouvent la vie en fin de compte, si la notion d'être devancée n'avait pas été la terreur constante de la Faculté ?

Et c'est parce qu'elle avait ce sentiment qu'elle résista avec tant de fureur à ces deux grandes découvertes de l'époque, la circulation du sang et l'action thérapeutique de l'antimoine, découvertes qui sauvent une époque de l'oubli et lui marquent sa place, malgré tout, dans l'histoire générale des sciences. L'anglais Harvey, l'italien Aselli, le français Pecquet, montent à l'assaut des doctrines Galéniques sur le rôle des vaisseaux, du cœur et du foie ; la circulation lymphatique est créée de toutes pièces. Et malgré l'évidence on résiste ; il semble à ces fanatiques de la tradition que le sol tremble et que tout l'édifice de la médecine va s'écrouler. Riolan, un grand nom pourtant de la médecine française, prend le commandement de la réaction. *Circulator* en latin veut dire charlatan ; les partisans d'Harvey sont nommés ironiquement des *circulateurs*. Tout le monde se mêle à la lutte, jusqu'à ce bon jeune homme, Thomas Diafoirus qui « s'attache aveuglément aux opinions des anciens et n'a jamais voulu comprendre, ni *même écouter*, les raisons et expériences des prétendues découvertes du siècle touchant la circulation du sang et autres opinions de même farine, » et qui, pour preuve, a soutenu contre les circulateurs une thèse avec image, prémices de son esprit.

Avec Riolan l'opposition s'éteignit. Molière avait contribué à ce résultat ; plus encore sans aucun doute l'*arrêt burlesque* de Boileau, composé avec la collaboration du médecin Bernier, l'ami de Molière, et comme lui disciple de Gassendi. La requête est de Bernier, l'arrêt de Boileau : « La Cour, dit cet arrêt, ordonne au chyle d'aller droit au foie sans passer par le cœur, et au foie de le recevoir. Fait défense au sang d'être plus vagabond, errer et circuler dans le corps, sous peine d'être entièrement livré et abandonné à la Faculté de médecine... » Et, chose piquante, cet arrêt burlesque qui au milieu des éclats de rire popularisa la découverte, prévint un arrêt très sérieux, celui-ci, que l'université songeait à obtenir du Parlement « contre ceux qui enseignaient une autre philosophie que celle d'Aristote. »

L'antimoine fut moins heureux.

Il avait contre lui la saignée « la bonne, la sainte, la divine saignée », comme chantait Joachim du Bellay ; la saignée prônée en style lyrique par Guy Patin, que nous voyons saigner, 13 fois en 15 jours, un enfant de sept ans ;

il en saigne un de deux mois, un autre de trois jours. Lui-même se fait saigner sept fois pour un simple rhume ; il cite des confrères plus convaincus encore dont l'un, Mantel, se fait saigner 32 fois pour une fièvre, et l'autre, Cousinot, 64 fois pour un rhumatisme. Il anathématise les tièdes, ceux que n'a pas brûlés cette belle ardeur : « Guy de Labrosse (un médecin !) est mort sans saignée ; le diable, s'écrie-t-il, le saignera en l'autre monde, comme le mérite un fourbe, un athée... » Injurié et damné pour avoir refusé de mourir dans les formes !

Voici d'autres exemples qui montrent à quels abus étranges pouvait mener l'esprit de systéme :

Un des médecins de Louis XIII, Bouvard, lui fit prendre en un an 215 médecines. 216 lavements et le fit saigner 47 fois !

Dans le *Journal de la santé de Louis XIV*, on lit que le roi a été saigné 38 fois au pied et au bras de 1647 à 1715, qu'il a eu 2,000 médecines purgatives de précaution ou d'urgence et des centaines de clystères.

L'histoire enfin, — peut être la légende, — a enregistré la fameuse plaidoirie de l'avocat Grosley en faveur d'Etiennette Boyau contre Bourgeois, chanoine de Troyes, réclamant de ce dernier le paiement de 2.910 lavements administrés dans l'espace de deux ans ! Calculez, et voyez combien cela fait de lavements par jour ! Pauvre malade et pauvre médecine !

L'antimoine eut contre lui le Parlement, fidèle défenseur des doctrines de la Faculté. Arrêt de 1566 portant interdiction ; arrêt confirmatif de 1615. Alors, pluie de pamphlets; on était en pleine Fronde, brochures et chansons livrèrent bataille. Il serait trop long d'en citer les titres. Plusieurs furent imprimées et publiées à Lille, entre autres un petit volume de prétentions modestes, intitulé « éclaircissement touchant l'usage de l'antimoine. » sorti des presses de François Fiévet.

Plus que toutes les dissertations et toutes les luttes de l'École, un fait particulier trancha le débat. Le Roi, alors âgé de 20 ans, tomba malade en 1658 à Mardyck, d'où il fut transporté à Calais. Il s'agissait évidemment de fièvre typhoïde. Une solennelle consultation eut lieu sous la présidence de Mazarin; Guénaut appelé de Paris, conseilla l'antimoine, toute autre médication ayant échoué; Mazarin opina dans son sens, et le Roi fut purgé 22 fois. Il guérit, l'antimoine et Guénaut triomphèrent; et bien entendu le Parlement s'empressa de lever les interdictions antérieures et réhabilita le médicament par arrêt de 1666.

Enfin, la découverte du quinquina vient s'ajouter aux grands faits scientifiques de l'époque. Recueillie en 1640 en Amérique par les Jésuites et rapportée par eux en Europe, cette poudre précieuse ne conquit, elle aussi, sa popularité, que par la guérison du Roi, atteint, en 1679, d'une fièvre intermittente rebelle.

La circulation, l'émétique, le quinquina, tel est le bagage scientifique de ce siècle au point de vue médical. C'est en somme le réveil, le progrès s'affirmant malgré tout. Pardonnons, Messieurs, les résistances et les luttes désespérées des immobiles. Ces résistances sont de tout temps. Officielles au XVIIe siècle, formulées par l'Ecole et les corporations agissant comme un seul homme et à l'unanimité, elles sont devenues de nos jours individuelles, mais elles n'en existent pas moins. Nous les avons vues dans notre siècle se dresser devant les évidences; nous les rencontrons à cette heure de révolution médico-chirurgicale, formulées par des hommes de haute valeur, et que nous avons le devoir de croire sincères. Elles n'arrêteront rien. La controverse et la discussion sont des rouages nécessaires dans la grande machine du progrès ; elles activent le mouvement loin de l'enrayer ; elles sont et seront toujours, car le doute et la négation se trouvent au fond de toute nature humaine, la raison et l'expérience seules peuvent en triompher.

Transportons-nous maintenant dans notre Flandre et voyons si l'écho de ces querelles parisiennes éveillait nos pacifiques ancêtres. J'ai dit pacifiques parce que cette épithète vient naturellement à l'esprit quand il s'agit des temps passés ; nos prédécesseurs prennent facilement dans notre imagination l'allure et les mœurs de grands parents, hommes à la démarche grave et réfléchie. Hélas! il n'en était rien. Des pamphlets manuscrits et imprimés sont arrivés jusqu'à nous pour nous dire ce qu'était en ce temps là la confraternité médicale. L'un d'eux, manuscrit intitulé « Tableau des médecins de la ville de Lille en Flandre, représentés par un dialogue sincère et véritable entre Pasquin et Marforio, composé par un médecin du pays d'Arthois » est un modèle du genre. Pas un des praticiens Lillois n'échappe aux injures : leurs portraits à la plume sont effrayants ; heureux ceux qui ne sont que pédants, faux savants, intrigants et charlatans ! d'autres sont ivrognes impudiques et paillards ; d'autres rapaces et voleurs. Les chirurgiens et les apothicaires exploitent indignement le public. *Mundus vult decipi, decipiatur !* s'écrie l'auteur du libelle qui du reste prodigue les citations latines empruntées aux traductions d'Hippocrate, à Galien, aux saintes Ecritures et aux poètes. La plupart sont accusés de ce que l'on appellerait aujourd'hui cléricalisme ; c'est chez les Repenties, sœurs noires, blanches ou grises qu'ils prennent leurs grades ; leur clientèle s'établit par la propagande des moines et moinesses; on les prêche au prône. L'un d'eux surtout, désigné sous le nom de médecin du Padoue et qui paraît être Renuart, auteur d'un traité d'obstétrique commandé par l'Echevinage, devait être possesseur d'une brillante clientèle, car c'est sur lui spécialement que l'on s'acharne. Il y a toute raison de croire que le pamphlétaire n'avait été ni aussi heureux, ni aussi bien protégé, et que la colère a guidé sa plume ; ce sera son excuse.

La liste des médecins distingués de cette époque, dont les noms et les travaux nous sont parvenus, est longue.

Citons d'abord Mathias de Lobel, médecin et botaniste lillois, devenu médecin de Jacques Ier ; il mourut à Londres en 1616, laissant des ouvrages de botanique des plus estimés et attachant son nom à une famille végétale, les Lobéliacées ;

Engelbert Lamelin, auteur d'un traité écrit en latin « de Vita longa libri duo, » excellent ouvrage de physiologie générale, s'attachant spécialement à l'hygiène alimentaire, et contenant une bonne étude symptomatique et prophylactique de la peste ;

Pierre Ricart, pharmacien et botaniste, auteur d'une description du Jardin botanique qu'il planta près de Sainte-Catherine, sur les terrains occupés actuellement par la cour du Beau-Bouquet. Il mourut en 1657 ;

Michel Renuart, d'Hellemmes, le médecin de Padoue, célèbre praticien et auteur « du Chemin frayé et infaillible aux accouchements, flambeau des sages-femmes (1689). »

J'en passe, et des meilleurs, dont les noms sont conservés dans la *Pharmacopée Lilloise* à laquelle collaborèrent quinze docteurs, licenciés et pharmaciens. Cette Pharmacopée eut trois éditions successives, en 1640, 1694 et 1772. Elle fut rédigée par l'ordre du Magistrat.

Le mouvement scientifique existait donc en ce temps-là dans notre Flandre et la décentralisation y était peut-être plus active qu'en des temps plus rapprochés de nous.

A ces efforts individuels, venait se joindre l'action continue des pouvoirs publics pour le développement de l'enseignement médical. C'est ce qui nous reste à établir.

La première création de ce genre est celle du *Collège des médecins*, fondé par le magistrat en 1631. Plutôt corporation que corps enseignant, ce collège n'en devait pas moins exercer une action sérieuse sur le maintien de la dignité et du niveau scientifiques professionnels. Personne ne pouvait exercer la médecine sans être agrégé audit collège, et, pour y être agrégé il fallait être licencié ou docteur de la Faculté de Paris, de Montpellier et de Douai, (car, en ce temps-là, la Faculté de médecine faisait partie de l'Université de Douai). Le collège des médecins siégeait à l'hôtel-de-ville. Son bureau se composait de deux échevins-commissaires, du doyen des médecins, de quatre assesseurs et d'un greffier aussi médecin. — C'est lui qui réglait toutes choses ayant trait aux maladies contagieuses, prophylaxie et traitement; qui remplissait en un mot le rôle attribué aujourd'hui au conseil d'hygiène, à la commission des logements insalubres et au service des épidémies. Il devait intervenir aussi pour le règlement des honoraires ; mais il est probable qu'il mettait un peu trop de partialité dans ses décisions à cet égard, puisque nous trouvons une ordonnance du Magistrat en date de 1749 fixant, en cas de contestation, à 6 patars par visite la somme exigible ; un patar équivalant à 6 centimes 1/2, le prix de la visite médicale était donc d'environ 7 sous. Les consultations entre plusieurs médecins furent taxées à 48 patars, soit un peu moins de 3 francs de notre monnaie. Cela paraît très peu, et pourtant c'est un progrès déjà sérieux ; nous avons eu en mains des notes d'honoraires de médecins lillois, de la fin du XVIIe siècle, où les visites sont taxées à 3 patars, 3 sous et demi. Je ne sais si c'était l'âge d'or pour les médecins, mais c'était assurément l'âge d'or pour les malades

A ses côtés fonctionnait une Corporation de l'art de la chirurgie, composée de maîtres sous la présidence d'un doyen. C'est elle qui examinait les apprentis chirurgiens et les garçons barbiers et leur conférait la maîtrise. C'est elle qui diplômait également les accoucheurs et sages-femmes à partir de 1768, enlevant cette prérogative au Collège des médecins, non sans luttes et récriminations, cela se comprend. Car chez nous aussi la bataille était ardente entre médecins et chirurgiens, témoin ce volumineux mémoire présenté au Rewart, mayeur, échevins, conseil et huit hommes de la ville de Lille, par le Collège des médecins, et intitulé : « Réflexions sur la nécessité de la subordination absolue des apothicaires et chirurgiens aux médecins. — Lille, imprimerie Pierre Brovellio, 1755. » Inutile de dire que le Collège n'y va pas de main morte, et que les pauvres boutiquiers y sont remis en leur place.

Les médecins en cela ne faisaient du reste que se défendre contre l'immixion des chirurgiens dans leurs affaires ; c'est ce que prouve l'ordonnance du 11 février 1741, déclarant incompatibles les professions de médecin, chirurgien et apothicaire.

Voilà pour le côté professionnel ; voyons maintenant le côté *enseignement*.

Dans le cours du XVIIe siècle, l'enseignement des sciences médicales paraît n'avoir été fait que par la libre volonté des docteurs praticiens de la ville. C'est par leurs livres, plus que par leur parole, que les médecins lillois formaient des élèves et propageaient le goût de l'étude. Citons le traité d'hygiène de Lamelin, les traités de botanique de de Lobel et de Ricart, le traité d'accouchement de Renuart, et la pharmacopée lilloise de 1640.

L'enseignement de l'obstétrique devait être, à cette époque, donné par le collège des médecins ; dans tous les cas, le Magistrat le chargea, en 1689, de faire passer à toutes les sages-femmes un examen. On voit dans les comptes de la ville des feuillettes de vin accordées en remerciement aux doyens et assesseurs. Le magistrat paie de plus 32 florins pour l'impression du livre de Renuart.

Il faut arriver au XVIIIe siècle pour voir les cours publics institués à Lille. L'on commença par la botanique qui paraît, du reste, avoir tenu une place importante dans le passé scientifique de notre région, et à laquelle se rattachent les noms de de Lobel, de Ricart, de Cointrel, des Lestiboudois et de Desmazières.

C'est Pierre Cointrel qui, en 1758, fut autorisé à professer un cours subventionné par le Magistrat à l'Hôtel de Ville. Le professeur régissait en même temps un jardin installé rue d'Anjou au fond du vieil hôpital des invalides. Ce fut apparemment Lestiboudois (Jean-Baptiste) qui lui succéda vers 1761 ; ce fut également lui qui fut chargé, en 1794, de transporter le jardin botanique de la rue Sainte-Catherine dans le parc du jardin des Récollets où il resta jusqu'à la construction du Lycée. Et c'était encore un Lestiboudois qui se trouvait à la tête de cet enseignement à l'époque où la Faculté des Sciences fut instituée.

Les leçons de médecine restèrent jusqu'à la Révolution la propriété exclusive des Facultés ; il n'y a donc pas lieu d'en chercher trace à Lille, c'est Douai qui avait en ce temps-là ce privilège et qui le conserva jusqu'à la fin du XVIIIe siècle. Supprimée alors en tant que Corps officiel, l'Université de Douai avait laissé après elle quelques hommes de bonne volonté qui s'efforcèrent de faire durer l'ancienne institution : c'est ainsi que les médecins Tarenget et Foulon continuèrent gratuitement, jusqu'en 1803, les cours de médecine qu'ils donnaient comme professeurs du temps de l'Université. C'était le chant du cygne. A cette date, tout l'enseignement médical passa à Lille ; ainsi commença ce grand mouvement d'aspiration qui vient de se terminer.

Il n'en était pas de même de la chirurgie. L'édit de 1723 avait ordonné que, provisoirement, on aurait observé en province les statuts du collège de chirurgie de la ville de Versailles. Une déclaration du 24 février 1730 modifia, à l'usage des collèges de chirurgie de province, quelques points de ces règlements. Mais cette déclaration ne fut pas enregistrée au Parlement de Flandre, ni par conséquent rendue obligatoire pour les chirurgiens de Lille. Ce n'est qu'en 1770 que le collège et l'École de chirurgie entrèrent en plein fonctionnement.

Des efforts louables avaient pourtant précédé cette fondation. En 1740, le Magistrat organisait des cours d'anatomie et d'accouchement et les rendait obligatoires pour les apprentis-chirurgiens et sages-femmes.

Mais c'est surtout l'année 1762 qui marque le réveil définitif de l'enseignement des sciences chirurgicales à Lille :

Pierre-Joseph Boucher, médecin associé à l'Académie royale de Chirurgie et correspondant de l'Académie royale des Sciences, commence son cours d'ostéologie et de maladies des os ;

Le sieur Labuissière, maître chirurgien, est pensionné

pour un cours de bandages relatifs aux principales fractures et luxations ;

Le sieur Warocquier fait deux leçons par semaines, l'une pour les hommes, l'autre pour les femmes, sur l'art des accouchements. Ce cours fut plus tard (1775) confié à Madame Du Coudray, maîtresse accoucheuse de Paris, pensionnée du Roy. L'inventaire (1) manuscrit des instruments et livres appartenant à ce cours, montre la richesse relative des collections à cette époque.

En 1763 le cours de Boucher s'élargit et devient un cours d'anatomie générale sur le cadavre.

Enfin, en 1770, le Collège et l'Ecole de chirurgie furent entièrement organisés : L'Ecole comprenait alors six professeurs chargés d'enseigner ; le premier professeur, les principes de la chirurgie en général (Physiologie, chirurgie, pathologie, séméiotique, hygiène, thérapeutique) ; le second professeur, les mixtes et les médicaments, matière médico-chirurgicale ; le troisième professeur, les accouchements ; le quatrième, l'anatomie et la pathologie des os ; le cinquième, la structure, fonctions et usages des parties molles ; le sixième, les opérations de chirurgie, cours pratique. On voit que le cadre était complet et qu'il restait peu à faire pour arriver à la perfection.

Le Collège créait des praticiens de deux degrés, les *maitres, et les chirurgiens par la légère expérience*, ce que nous appellerions aujourd'hui des officiers de santé, pour les petites villes et les campagnes.

Le 25 mai 1773, l'Ecole de chirurgie fut officiellement ouverte, par un cours de principes confié au sieur Arnould,

---

(1) Cet inventaire fait partie de la collection de M. Quarré-Reybourdon.

maître en chirurgie, La salle des démonstrations était située place aux Bleuets. L'hôpital militaire et les hôpitaux particuliers étaient ouverts aux élèves « pourvu qu'ils se contiennent, dit le règlement, dans les bornes du respect et du devoir. »

La Révolution interrompit les actes du Collège, mais ce fut pour peu de temps, car en ventôse, an V, la municipalité rétablit les cours d''anatomie, de chirurgie et d'accouchement. Il est probable que la vitalité manqua à l'école ainsi ressuscitée, puisqu'en 1803 il n'en restait plus qu'un cours d'accouchement dû au zèle d'un ancien maître chirurgien de notre ville.

C'est alors que le Conseil général émit le vœu de la création à Lille d'une école spéciale de médecine : en attendant, l'autorité municipale ouvrit trois cours gratuits de médecine à l'hospice Saint-Sauveur : cours de clinique médicale, professeur M. Dourlen ; cours de clinique chirurgicale, professeur M. Vanderhaghen ; cours d'opérations, professeur M. Pionnier. J'évoque ici des noms qui ne sont pas oubliés de notre génération ; à ces hommes dévoués revient l'honneur d'avoir été les précurseurs, et d'avoir posé courageusement les premières assises de l'enseignement médical à Lille. Dès lors l'évolution naturelle devait mener cet enseignement où il est arrivé aujourd'hui.

En 1805, un décret impérial institue l'école primaire de médecine. On y formait des officiers de santé. Les grades étaient conférés par le jury médical du département.

En 1813 s'ouvrent a l'Hôpital Militaire des cours spécialement destinés à faire des médecins de troupe. L'esprit de l'époque s'imposa à la médecine comme à toute chose et l'Hôpital militaire resta hôpital d'instruction jusque vers 1852, appelant à lui des professeurs distingués pris dans les rangs de l'armée et cette troupe bruyante de carabins, terreur des bourgeois de Lille qui n'ont pas encore oublié leurs exploits et leurs hardiesses.

En 1854, l'Ecole préparatoire de médecine et de pharmacie lui succéda, par une transformation presque insensible puisque les plus distingués professeurs de l'Ecole militaire passèrent aux chaires nouvelles. Ici nous sommes en pleine période contemporaine. La Faculté des sciences ouvrait en même temps ses cours, sous le décanat du plus illustre savant de notre époque, du véritable réformateur de la médecine et de la chirurgie : j'ai nommé Pasteur. Le mouvement scientifique lillois était dès lors en pleine marche et ne devait plus s'arrêter. En 1875, l'Ecole de médecine devenait Faculté ; en 1887, Lille voyait venir à elle, les Facultés des Lettres et de Droit, et l'Université du Nord était fondée.

Voilà, Messieurs, notre passé. A vous de juger le présent et d'escompter l'avenir. Ce rapide exposé vous montrera qu'au bon vieux temps, à cette époque où la tradition dominait l'École, où les mœurs imposaient à tous l'amour exagéré de la forme et de l'apparat, il y avait, malgré tout, des germes puissants de libre recherche ; que les efforts individuels suffisaient à assurer le progrès, malgré les oppositions formidables des Corps officiels, malgré ces périodes de pouvoir absolu et de troubles publics où il semble que tout s'arrête et recule. Le temps de Molière lui-même n'a pas échappé à cette loi. Mais c'est le XVIIIe siècle qui commença réellement la réforme et établit l'enseignement médico-chirurgical sur des bases sérieuses. Notre Flandre n'avait pas attendu ce signal pour faire bien.

Interrompu par l'époque révolutionnaire, l'enseignement scientifique reprit, dès le début du siècle, un nouvel essor ;

Lille, dans ce mouvement, a pris, dès la première heure, une position de combat et a bien mérité de la science. Cette ville de guerre a élargi sa ceinture de murailles pour mieux recevoir les institutions nouvelles qui allaient lui venir ; cette ville de manufacturiers et de commerçants s'est imposé de lourds sacrifices pour fournir au développement des Arts, des Sciences et des Lettres, et aujourd'hui elle offre ce spectacle étonnant, de renfermer dans son sein neuf Facultés, neuf groupes d'enseignement supérieur, nés de la volonté de l'État et des municipalités, serviteurs de l'opinion publique, nés aussi de la liberté. Saluons donc cette cité généreuse, dont la devise peut être désormais : Patrie, Industrie, Science. Voilà son véritable blason, quelque soit la forme qu'on lui donne sur nos monuments et nos actes publics, et, ce blason, elle l'a bien gagné.

Quant à nous, Messieurs, pareille noblesse nous oblige. Les grandes découvertes contemporaines, les instruments de travail mis si libéralement entre nos mains, assurent l'avenir médical de notre pays ; si nous faisons peu, ceux que nous aurons formés et encouragés feront mieux. Nous ne nous souvenons plus des formes et des querelles passées que pour en rire avec vous, et comme Sganarelle, notre confrère malgré lui, nous vous disons avec sincérité, sinon avec modestie : « Cela était autrefois ainsi ; mais nous avons changé tout cela, et nous faisons maintenant la médecine d'une méthode toute nouvelle. »

www.ingramcontent.com/pod-product-compliance
Lightning Source LLC
LaVergne TN
LVHW052017160826
845678LV00003B/1086

* 9 7 8 2 3 2 9 6 5 4 4 9 2 *